Champignons d'Amérique, comestibles et vénéneux

Editeur : Julius A. Palmer

Writat

Cette édition parue en 2024

ISBN : 9789359946948

Publié par
Writat
email : info@writat.com

DIRECTIVES GÉNÉRALES.

Ces tableaux sont préparés pour un usage populaire plutôt que pour les étudiants en sciences botaniques ; tous les termes techniques sont donc évités autant que possible.

Les noms « champignon » et « champignon » sont indéfinis, s'appliquent tous deux avec la même raison à tout champignon charnu, et sont utilisés ici comme synonymes, comme les termes correspondants « plante » et « légume », ou « arbuste » et « buisson ». " dans une conversation commune.

Aucun test général ne peut être effectué permettant de distinguer un champignon vénéneux d'un champignon comestible. Mais chaque espèce de champignon a certaines marques d'identité, soit par l'apparence, soit par la qualité, soit par l'état de croissance, qui lui sont propres et qui ne varient jamais radicalement ; aucun ne peut contenir un élément *venimeux* à un moment donné, et pourtant être inoffensif dans d'autres conditions. Cependant, comme d'autres aliments, animaux ou végétaux, les champignons peuvent, en raison de leur pourriture ou de leurs conditions de croissance, être impropres à la consommation ; pourtant, dans cet état, aucune *fatalité* n'accompagnerait une telle utilisation.

Par conséquent, l'identification des espèces est un guide sûr et le seul moyen de savoir quels champignons doivent être consommés et quelles variétés de champignons doivent être rejetées. Ayant appris à distinguer n'importe quelle espèce de champignons comme étant esculente, on peut se sentir en parfaite sécurité dans l'usage de cette espèce partout et à tout moment ; mais tout spécimen s'écartant au moindre degré du type doit être rejeté par un amateur.

Il existe environ un millier de variétés de champignons (à l'exclusion des champignons petits ou microscopiques) originaires des États-Unis ; On en trouvera donc beaucoup qui ne sont représentés sur aucune de ces planches. Ceux représentés ici appartiennent à trois classes, à savoir les Lycoperdaceæ ou champignons Puff-ball ; les Agaricini, ou champignons branchiaux ; et les Boleti, qui sont une division des Polyporei, ou champignons porteurs de pores.

Les définitions suivantes sont données ici et seront jugées nécessaires : -

CHAPEAU. Le disque expansé ou le chapeau du champignon ou du champignon.

BRANCHIES. Les fines plaques placées sur leurs bords sous le chapeau, se dirigent vers un centre commun au niveau de la tige.

TUBES. L'ensemble spongieux de pores qui remplacent les branchies sous le chapeau d'un Boletus.

VOILE. Toile ou membrane qui s'étend du bord du chapeau jusqu'à la tige lorsque le champignon est jeune et entoure ainsi les branchies.

ANNEAU. Partie du voile adhérant à la tige, et formant une collerette autour d'elle.

VOLVA. La gaine ou l'enveloppe renfermant le jeune champignon, lorsqu'il est en dessous ou juste au-dessus du sol ; dont les restes se retrouvent dans l'anneau, le voile, à la base de la tige et dans le sommet verruqueux ou squameux de certaines variétés de champignons.

SPORES. Les corps reproducteurs, analogues aux graines de certaines autres plantes, se trouvent sous les chapeaux des Agaricini et des Boleti, et apparaissent comme une fine poussière lorsque le chapeau est laissé pendant un certain temps couché dessous vers le bas.

Il existe autant de saveurs et de goûts différents parmi les champignons esculents que dans n'importe quelle autre variété de régime alimentaire, et l'ignorance très générale de ce fait est une raison suffisante pour la publication de ce travail. De nombreuses personnes prétendent distinguer un champignon d'un champignon vénéneux. Cela signifie qu'il existe une variété sur mille dont ils mangent en toute sécurité, et cela ne signifie rien de plus. Une personne pourrait tout aussi bien choisir un poisson dans la mer et éviter tous les autres membres de la tribu des Finny au motif qu'il existe des poissons venimeux. Il est étrange que cette ignorance générale soit plus apparente dans le cas des anglophones. Les mangeurs de champignons forment une petite clique en Angleterre, mais la majorité de son peuple ne connaît rien de cette offrande gratuite provenant des réserves de la nature. Aucun pays n'est plus riche en champignons que l'Amérique. Si les classes les plus pauvres de Russie, d'Allemagne, d'Italie ou de France voyaient nos forêts pendant les pluies d'automne, elles se régaleraient de la riche nourriture qui y est gaspillée. Car cette récolte est spontanée ; cela ne nécessite aucun temps de semence et ne demande aucun labeur du paysan. Dans le même temps, la valeur économique du régime alimentaire à base de champignons vient au deuxième rang, derrière la viande seule. Avec du pain et des champignons bien cueillis et préparés, on peut négliger le boucher pendant les mois d'été. Cela est évident pour l'esprit non scientifique par le simple fait que les champignons utilisent l'air que nous respirons de la même manière que les animaux, que cuits, ils ne ressemblent à aucune forme d'aliment végétal et qu'en se décomposant, leur odeur ne peut dans certains cas pas disparaître. être distingué de celui de la viande putride. À cette fête abondamment offerte par la nature aux plus pauvres comme aux plus épicuriens, nous invitons le peuple américain.

Lorsque vous cueillez des champignons pour vous nourrir, coupez la tige à environ un pouce en dessous du chapeau et placez-les dans le panier ou le plat, les branchies vers le haut. Ne les tordez pas et ne les tirez jamais, car les branchies se remplissent ainsi de saletés qui ne s'enlèvent pas facilement. En plaçant leurs branchies vers le bas, elles perdront en grande partie leurs spores et perdront ainsi leur saveur.

La tige coupée présente souvent de fins trous; cela indique que des asticots sont entrés dans le champignon. Si la substance du chapeau reste ferme et dure, le champignon peut être cuit et mangé par ceux qui ne sont pas trop gentils ; mais si elle est perforée et molle, la décomposition qui en résulte peut provoquer des nausées et même des nausées graves.

Les champignons peuvent être nocifs en tant qu'aliment de trois manières :

(1.) Ils peuvent être en désaccord avec le système, par leur dureté, leur indigestibilité ou leur utilisation en état de décadence.

(2.) Ils peuvent être visqueux, âcres ou autrement nauséabonds.

(3.) Ils peuvent contenir un poison subtil sans goût, odeur ou autre indication de sa présence.

La plupart des champignons nuisibles appartiennent à la première ou à la deuxième classe ci-dessus, et le goût ou le bon sens les rejetteraient facilement, à moins qu'ils ne soient cuits avec d'autres aliments ou excessivement épicés. C'est pourquoi une cuisine simple est conseillée, et de plus aucun amateur ne devrait s'aventurer à se mêler à de bonnes variétés qui lui sont inconnues.

De la troisième classe, il y a une famille dont beaucoup de membres contiennent un poison violent et mortel. C'est ce qu'on appelle la famille *Amanita* ; et bien que sur quatorze variétés, quatre soient connues pour être comestibles, il est cependant conseillé ici d'éviter tous les champignons comme aliments qui ont ces marques distinctives : -

(1.) Un sommet squameux ou verruqueux, dont les protubérances s'effacent facilement, laissant la peau intacte. Dans un certain nombre de spécimens, beaucoup sont entièrement lisses, tandis qu'à proximité d'eux se trouvent d'autres de la même variété où subsistent plus ou moins de taches.

(2.) Une bague ; généralement grandes et réfléchies ou tombant vers le bas.

(3.) Une volva ; enfermant plus ou moins la jeune plante et restant à la base du spécimen plus âgé, de sorte que lorsque le champignon est arraché, une alvéole reste dans le sol.

Ces trois marques devraient toutes exister dans la plante typique de cette famille, et l'œil expérimenté verra les signes de leur présence, même là où ils font défaut. Mais la *volve* ne se dégrade que rarement, voire jamais, au cours de la vie du spécimen, et tout rejeter portant cette marque est recommandé à tous les amateurs.

À notre connaissance, il n'y a aucun cas de décès dû à l'utilisation de champignons, sauf dans cette seule famille. Dans tous les cas bien définis d'intoxication mortelle, la cause l'est tout aussi bien, à savoir l'utilisation du champignon représenté par les planches IX. et X. dans cette fiche. Ainsi, lorsqu'on connaît parfaitement cette famille, et qu'on a appris à toujours les rejeter, on n'a que très peu à craindre dans le choix des champignons de table. Les variétés vénéneuses de la famille Amanita sont extrêmement courantes.

L'antidote de ce poison se trouve dans l'emploi habile des alcaloïdes de la famille des Solanacées ou Morelles, notamment dans les injections sous-cutanées d'Atropine. Mais au public en général, en cas d'intoxication, aucun autre conseil ne peut être donné que d'appeler sans délai un médecin.

Planche VI. représente plusieurs membres de la famille Russula. Ayant appris à l'identifier sans risque d'erreur, cette famille est tout à fait sûre pour une utilisation alimentaire ; car toutes les Russulas non esculentes ont un goût piquant ou nauséabond, tandis que les comestibles ont un goût de noisette très agréable. L'élève doit donc goûter chaque spécimen lorsqu'il les prépare pour la cuisson.

Certaines autorités considèrent que tous les Boleti sont bons à la consommation, mais il y a ceux qui sont trop amers pour être consommés, et un tel que le spécimen numéroté 1, planche XI. , gâcherait tout un ragoût. Les tubes de ce Boletus (*felleus*) sont rose clair, bien qu'ils paraissent blancs lorsqu'ils sont frais et jeunes. Une bonne règle pour les amateurs est d'éviter tous les Boleti sinistres ; on entend par là tous ceux qui ont la moindre nuance de rouge aux tubes, bien que j'en ai souvent mangé. Les membres de cette famille de couleur douce, ayant des tubes blancs, jaunes ou verdâtres, s'ils sont agréables au goût, peuvent être considérés comme comestibles.

Planche VIII. représente quelques-unes des boules esculentes. Il existe sur le bois des champignons verruqueux qui, au début de leur croissance, ressemblent à des boules de poils dont les qualités ne sont pas encore connues. Mais toutes ces variétés de champignons d'un blanc clair, qui apparaissent en petites boules en pleine terre après les pluies, peuvent être consommées en toute sécurité, s'ils sont frais, blancs à l'intérieur et durs ; s'ils sont mous et jaunâtres, ou noirs dans la pulpe, ils doivent être évités, car ils sont sur le point de pourrir.

Le conseil le plus important à donner à l'étudiant est d'apprendre à reconnaître la famille des Amanites et à les éviter toutes ; ensuite, définir et reconnaître tout champignon qu'il utilise pour se nourrir, afin de pouvoir en cueillir un seul spécimen dans un panier rempli de champignons assortis ; et enfin, de ne jamais cueillir au hasard des champignons pour se nourrir, à moins d'avoir éprouvé par l'usage réel chacune et toutes les variétés ainsi utilisées. Il existe une grande famille de champignons ressemblant aux Russulas, qui exsudent un jus laiteux s'ils sont cassés ou coupés. L'amateur fera bien d'éviter tout cela, quoiqu'il soit esculent là où le lait est doux au goût. Des planches supplémentaires, présentant d'autres variétés de champignons esculents, pourraient éventuellement être éditées à l'avenir.

JULIUS A. PALMER, Jr.

PLAQUE I.

AGARICUS CAMPESTRIS ET ARVENSIS, OU CHAMPIGNON PROPRE.

DESCRIPTION. Chapeau. Sec, soyeux ou duveteux dès le premier ; globulaire, à marge unie à la tige par le voile, puis élargie, en cloche, enfin même plate. Couleur variable, du blanc au brun foncé. Cuticule facilement séparable en variété de pâturage.

BRANCHIES. D'abord rose, puis violet, enfin presque noir, jamais blanc ; de différentes longueurs.

TIGE. Presque solide, même en taille, facilement retiré de la prise.

VOLVA. Aucun; mais voile présent, enfermant d'abord les branchies, puis formant un anneau, enfin absent.

SPORES. Pourpre ou brun violacé. GOÛT et ODEUR parfumés et agréables.

POUSSE dans les pâturages ouverts, les ruelles ou les bords des routes ; jamais en forêt.

(B.) Semblable à ci-dessus, mais plus grossier, plus cassant et de saveur plus forte ; prend la couleur de la rouille du fer lorsqu'il est meurtri ; pousse sur les berges, dans les rues et dans les serres.

CUISINER. Ragoût dans du lait ou de la crème; préparer à servir avec de la viande comme décrit dans l'assiette II. , ou griller comme indiqué dans la plaque III.

À RÔTIR AU FOUR. Coupez les plus gros spécimens en petits morceaux et placez-les dans un petit plat, avec du sel, du poivre et du beurre au goût ; mettez environ deux cuillerées à soupe d'eau, puis remplissez le plat avec les spécimens entrouverts et les boutons ; couvrir hermétiquement et mettre au four, qui ne doit pas être surchauffé, pendant une vingtaine de minutes. Le jus des plus gros champignons les gardera humides et, s'ils sont frais, donneront en outre une sauce des plus abondantes.

NB Lors de la cueillette des variétés de pâturage, coupez-les juste en dessous du chapeau (*ne les arrachez pas*) ; ils peuvent ensuite être cuits sans lavage ni pelage. Les champignons cultivés sont souvent si sales qu'ils nécessitent à la fois un lavage et un épluchage.

PLAQUE II.

COPRINUS COMATUS, OU CHAMPIGNON À crinière poilue.

DESCRIPTION. CHAPEAU. D'abord ovale et dur ; marge se séparant alors de la tige ; puis également cylindrique, marge devenant noire ; finalement étendu et se désintégrant par dissolution dans un fluide d'encre. Couleur du chapeau variable du brun au blanc pur, toujours laineux, hirsute, la cuticule se détachant en couches comme les écailles d'un poisson.

BRANCHIES. D'abord blanc, bondé ; éventuellement rose, puis violet foncé ou noir et humide.

TIGE. Épais à la base, égal au-dessus du sol, creux, ressemblant à des macaronis cuits.

VOLVA. Aucun, mais anneau présent et mobile chez le spécimen adulte.

SPORES. Noir. ODEUR forte, surtout au centre du chapeau.

GOÛT. Agréable cru, mais ne doit pas être consommé une fois qu'il est humide et noir.

POUSSE dans les pelouses riches, au bord des routes ou dans les terrains urbains nouvellement remplis, en groupes ou en solitaire.

CUISINER. Pour une vingtaine de champignons, mettez dans une casserole une branchie de lait ou de crème, salez et poivrez selon votre goût, avec un morceau de beurre de la grosseur des plus gros spécimens du dessus ; quand ça bout, mettez-y les tiges et les petits champignons durs ; après dix minutes d'ébullition, ajoutez les plus gros spécimens; gardez le plat couvert et bouillant pendant dix minutes de plus, puis versez le ragoût sur des toasts secs et servez.

A SERVIR AVEC DE LA VIANDE. Hachez finement les champignons, laissez-les mijoter une dizaine de minutes dans un demi-rempli d'eau, avec du beurre, du sel et du poivre comme pour une sauce aux huîtres ; épaissir avec de la farine ou du riz moulu; verser sur la viande et couvrir rapidement.

NB : Mais la cuisson de ce champignon nécessite très peu de liquide, car il produit lui-même un jus riche. Il faut toujours le nettoyer avant la cuisson, en le grattant pour le rendre lisse et jusqu'à ce qu'il soit parfaitement blanc.

MARASMIUS OREADES, OU CHAMPIGNON À L'ANNEAU DE FÉE.

DESCRIPTION. CHAPEAU. Coriaces, coriaces et d'une couleur crème égale, souples lorsqu'elles sont humides ; ratatinées, ridées, voire cassantes une fois sèches, passant du premier au second avec une rosée ou une pluie suivie d'un soleil brûlant, et *vice versa également* . Cuticule non séparable.

BRANCHIES. Larges, bien écartés, de la même couleur que le chapeau, ou un peu plus pâle.

TIGE. Solide, de circonférence égale ; résistant, ne se casse pas facilement s'il est plié ou tordu.

VOLVA et bague, aucun.

SPORES blanches.

GOÛT et ODEUR musqués, plutôt forts, mais noisette et agréables.

POUSSE en anneaux ou en groupes dans les pelouses riches ou au bord des routes.

CUISINER. Pour accompagner de la viande ou du poisson, coupez le dessus des tiges juste en dessous des branchies. À une pinte de champignons, s'ils sont humides, ajoutez environ une branchie d'eau, du poivre et du sel au goût, ainsi qu'un morceau de beurre de la moitié de la taille d'un œuf. Laisser mijoter sur le feu dix à quinze minutes, épaissir avec de la farine ou du riz moulu et verser sur la viande ou le poisson cuit.

À GRILLER. Placer les dessus comme des huîtres sur une grille en fil fin ; dès qu'ils sont chauds, beurrez-les légèrement, salez et poivrez selon votre goût. Remettez-les sur la braise, et lorsqu'ils sont bien chauds, ils sont cuits. Beurrez-les si besoin et disposez-les dans un plat chaud.

NB Une fois les champignons séchés, faites-les gonfler dans l'eau avant la cuisson.

PLAQUE IV.

AGARICUS CRETACEUS, OU CHAMPIGNON DE CRAIE.

DESCRIPTION. CHAPEAU. Blanc pur, sec d'abord, presque globuleux, puis en forme de cloche, enfin élargi et devenant plus foncé, voire fumé. Au début de la croissance, très fragile, la cuticule se décolle toujours facilement.

BRANCHIES. D'abord blanc pur, puis rosé, enfin rouille ; flétri en couleur et en texture; devenant toujours rose ou foncé s'il est exposé à la chaleur sèche.

TIGE. Creux, bulbeux à la base chez les petits spécimens, puis allongés et égaux ; quitte facilement l'alvéole, sans pénétrer dans les branchies.

VOLVA. Aucun; voile distinct et entier, enserrant d'abord les branchies, puis se rompant, formant l'anneau.

SPORES. Rose pâle ou rosé. GOÛT , doux, agréable, mais fade. ODEUR , aucune. Pousse dans les pelouses et les parcelles d'herbe richement cultivées ; rarement ou jamais en forêt.

CUISINER. Ce champignon, bien que sucré et ferme, a peu ou pas de saveur propre. Il peut donc être préférable de le faire mijoter comme indiqué dans l'assiette I. , avec du lait, ou sous l'assiette III. , avec de l'eau; dans les deux cas, mélangeant une certaine proportion de l'une ou de la totalité des trois espèces précédentes. Dans ce cas, il absorbera complètement leur saveur. Pour ceux qui aiment les épices, il est très bon cuit comme numéro trois pour la viande ou le poisson, en ajoutant à cette recette du persil haché, un oignon ou une gousse d'ail hachée finement, avec une cuillère à soupe de sauce Worcestershire. Si servi avec de la viande faisant une sauce abondante, faites cuire comme indiqué sous l'assiette de Russulas comestibles.

AGARICUS PROCERUS, OU CHAMPIGNON PARASOL.

DESCRIPTION. CHAPEAU. Brun du premier au dernier ; peau épaisse, très écailleuse et hirsute; d'abord ovoïde, puis renflé, enfin élargi, un petit point au centre devenant proéminent ; toujours souple et coriace.

BRANCHIES. Blanc pur.

TIGE. Fibreux, creux, de taille égale, tacheté de rousseur, profondément enfoncé dans le capuchon, d'où il se retire libre des branchies, laissant une cavité profonde.

VOLVA. Aucun; voile déchiré, anneau bien défini et mobile.

SPORES. Blanc. GOÛT sucré, non marqué ; ODEUR légère.

POUSSE dans les champs ouverts et les pelouses ou en lisière des forêts.

CUISINER. Ragoût dans le lait ou la crème comme indiqué dans l'assiette II. , sauf que ce champignon est sec et ferme, et qu'on peut utiliser plus de liquide, car il ne fera pas ou peu de sauce. Il n'est pas de caractère approprié pour être cuit dans l'eau, mais il est très bon grillé, nécessitant l'utilisation généreuse de beurre, ou placé sous la viande comme indiqué avec les Russulas comestibles.

RUSSULES COMESTIBLES.

1, 2. Russula hétérophylla.

3. Russula virescens.

5. Russula alutacea.

4. Russula lepida.

DESCRIPTION. CHAPEAU. Beaucoup de couleurs ; blanc, terne, vert, violet ou rouge vif ; cuticule très fine, se décollant depuis le bord, adhérente vers le centre ; en forme de cloche, comprimant d'abord les branchies, puis se dilatant, jusqu'à ce que finalement le centre de la calotte devienne déprimé ou concave.

BRANCHIES. Généralement blanc pur, parfois crémeux ou chamois ; presque ou tout à fait égales en longueur, rigides, cassantes, se cassant en segments inégaux si on les presse.

TIGE. Gros, solide ou farci; en substance la même que la chair du capuchon, se rétrécissant souvent assez brusquement jusqu'à un point à la base.

VOLVA , anneau et voile entièrement absents à tout âge de la plante.

SPORES. Blanc. GOÛT , excellent cru, comme celui des noix ; ODEUR aucune.

POUSSE dans les bois, les allées boisées ou les clairières ; on le trouve souvent rongé par les écureuils ou d'autres animaux.

CUISINER. Retirez la peau jusqu'à ce qu'elle pèle facilement et lavez le centre du capuchon ; puis déposez-les sur une grille et laissez-les chauffer ; beurrez abondamment, salez et poivrez selon votre goût, puis placez-les dans un plat chaud au four, et après avoir grillé un bifteck ou un poulet, mettez-le dessus afin que la sauce puisse s'écouler et être absorbée par les champignons.

NB Les membres nuisibles de cette famille ressemblent si étroitement aux esculents que, pour l'amateur, la dégustation de chacun d'entre eux tel qu'il est cueilli est le seul guide ; les nuisibles étant toujours chauds et âcres. Des branchies égales, une extrême fragilité et une texture sèche et ferme sont caractéristiques de toute la famille Russula.

PLAQUE VII.

BOLETI.

1. Boletus bovinus.	**3. Gale de bolets.**	**5. Boletus chrysenteron.**
2. Boletus edulis.	**4. Boletus sous-tomenteux.**	**6. Boletus strobilacé.**

DESCRIPTION. N° 1. BOLETUS BOVINUS. Chapeau plat, lisse, visqueux ; la peau fine et transparente pèle facilement. Chair blanche, de couleur inchangée (tige de la même couleur que le chapeau). Tubes jaune blanchâtre, jaunes ou gris, peu profonds. De taille très variable.

N° 2. BOLETUS EDULIS. Chapeau en forme de coussin, sec, brun-gris ou terne, épais. Chair blanche, immuable. Tubes blanc-jaune à vert. Tige très épaisse, de forme souvent avortée, bulbeuse à la base, très agréable au goût.

N° 3. BOLETUS SCABER. Chapeau en forme de cloche d'abord et dur, puis large, irrégulier, mou et plat, de couleur variable allant du brun foncé au rougeâtre terne. Tige rugueuse, croûteuse, fibreuse. Chair blanc sale, virant souvent au noir. Tubes blancs, rouillés, souvent tachés de fer par endroits.

N° 4. BOLETUS SOUS-TOMENTEUX. Chapeau de forme très variable, allant de la cloche au coussin ; également en couleur, du brun clair ou olive à n'importe quelle nuance de rouge. Tige touchée de rouge, lisse ou à lignes claires, souvent tordue. Chair, tubes et tige virant au bleu partout où ils sont meurtris ou coupés. Tubes jaunes, virant parfois vers le vert. Goût de noix.

N° 5. BOLETUS CHRYSENTERON. Très semblable au n°4, sauf que le chapeau est souvent rouge brique. La chair est jaune soufre et peu changeante, et la tige plus rouge.

N° 6. BOLETUS STROBILACEUS. Plante entière noirâtre, devenant rouge lorsqu'elle est meurtrie ou coupée, brisée en segments ou écailles de pomme de pin épais. Tubes blancs ou rouillés, souvent entourés d'un voile.

CUISINER. Battez une pâte, ou simplement quelques œufs frais, déposez-y les champignons en les retournant pour que le liquide y adhère. Faites-les ensuite revenir dans de la graisse bouillante, ou sur une plancha beurrée, selon votre goût, avec du sel et du poivre selon votre goût. Griller, cuire au four ou servir sous la viande comme dans les autres recettes données ici. Parmi ceux-ci, les n° 2, 4 et 5 peuvent être cuits, mais les autres, et en fait tous les boleti, sont si humides ou visqueux qu'ils sont bien mieux cuits à la chaleur sèche.

NB Toutes les variétés ci-dessus, ainsi que de nombreuses autres variétés de Boleti esculents, ont des tubes colorés en blanc, gris, vert ou jaune ; aucun n'est même légèrement rouge.

PLAQUE VIII.

LYCOPERDACEÆ, OU PUFF-BALLS.

**1. Lycoperdon
giganteum.
Puff-Ball géant.**

**2. Lycoperdon
saccatum.
Petite Puff-Ball.**

**3. Lycoperdon
gemmatum.
Puff-Ball en
forme de poire.**

Il existe de nombreuses variétés correspondant dans la plupart des points à l'une des trois variétés mentionnées ci-dessus, certaines poussant sur des souches, mais la plupart apparaissant sur des sols sableux après de fortes pluies. Aucun n'est toxique.

CUISINER. Faites une pâte bien assaisonnée comme pour frire des aubergines, ou battez des œufs dans le même but ; coupez les boules feuilletées en tranches d'un demi-pouce d'épaisseur et faites-les revenir dans de la graisse bouillante ou sur une plaque chauffante beurrée. Les boulettes sont également très bonnes en compote avec le Coprinus ou avec le champignon ordinaire, car leur substance poreuse absorbe la saveur plus forte.

AGARICUS (AMANITA) VERNUS, OU CHAMPIGNON BLANC TOXIQUE.

DESCRIPTION. CHAPEAU. D'abord ovale ou bulbeuse, enfermée dans la volve, puis élargie, toujours d'un blanc pur, généralement moite ou visqueuse au toucher ; cuticule fine, séparable.

BRANCHIES. Blanc pur, inégal, libre de tige.

TIGE. Long, rugueux ou laineux, bourré ou un peu creux vers le bonnet.

VOLVA. Toujours présente. Anneau marqué à croissance moyenne ; souvent absent à maturité de la plante ; et il en est de même des verrues ou des pellicules sur le bonnet.

NB Ce champignon n'a pour beaucoup de personnes aucun goût ni odeur désagréable. Il pousse dans et à la lisière des bois, et lorsqu'il est à moitié ouvert, il peut facilement être pris pour ceux des planches I ou IV. , si l'on ne prête pas attention à la volva. C'est un poison mortel.

CHAMPIGNONS TOXIQUEUX DU GENRE AMANITA.

1. Agaricus (Amanite) 2, 3. Agaricus 4. Agaricus
muscarius. (Amanita) phalloides. (Amanita) mappe.

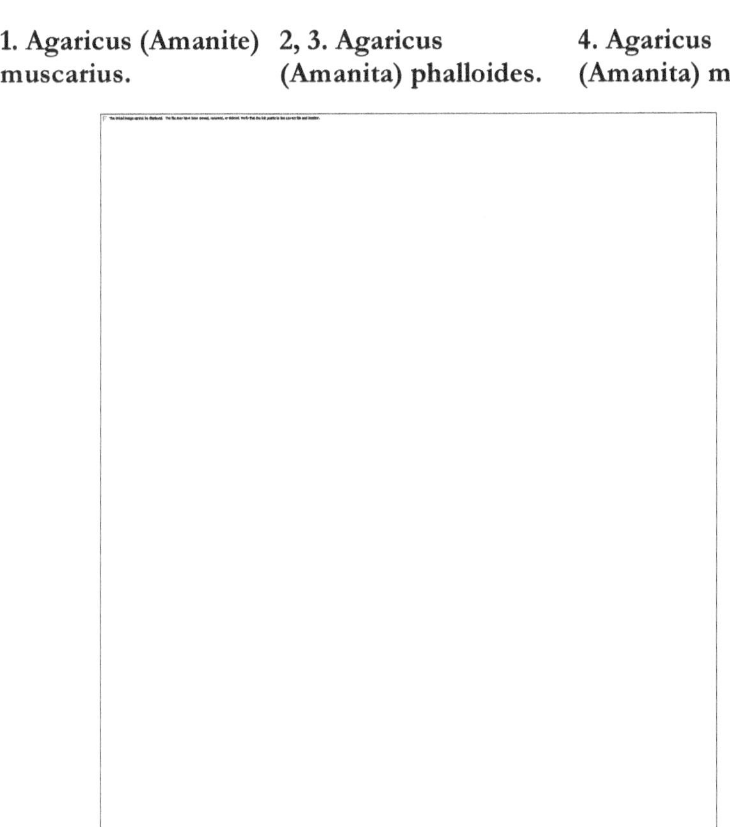

DESCRIPTION GÉNÉRALE CI-DESSUS. Planter juste au-dessous du
sol enfermé dans une volve ou une enveloppe qui, à mesure qu'elle mûrit,
reste (1) à la base en continuant à gainer la tige ; (2) dans le collier ou la
bague ; (3) sur le chapeau sous forme d'écailles ou de verrues facilement
séparables. Généralement exempte de goût ou d'odeur désagréable, sauf au
moment de la pourriture, lorsque la variété illustrée par les figures n° 2 et n°
3 est putride et nauséabonde. Branchies d'un blanc pur à chaque stade de
croissance. Chapeau de couleur très variable, du blanc pur à l'orange vif ou
au rouge. Tous contiennent un poison mortel.

PLAQUE XI.

BOLETS TOXIQUES OU SUSPECTS.

1. Boletus felleus, 2. Boletus alveolatus, 3, 4. Boletus luridus,
Boletus amer. Boletus cramoisi. Boletus lurid.

LA FIGURE 1 ci-dessus ressemble beaucoup aux figures 2 et 3, planche VII. , des Champignons comestibles, dont il se distingue facilement par son goût amer et ses tubes rosés.

LA FIGURE 2 est une espèce typiquement américaine, et l'autorité permettant de la soupçonner réside dans le fait que tous les Boleti qui ont des tubes rouges ou à bouche rouge ont été considérés comme venimeux. Bien que précieuse pour illustrer le sinistre Boleti, cette variété est probablement comestible.

LA FIGURE 3 se confond facilement avec les figures 4 et 5, planche VII. , de Champignons Comestibles, si l'on ne fait pas attention à la couleur des tubes.

PLAQUE XII.

CHAMPIGNONS TOXIQUES OU FAUX.

1, 2. Agaricus (Naucoria) semi-orbiculaire.   **3, 4. Agaricus (Stropharia) semi-globatus.**

<h3 style="text-align:center">5, 6. Agaricus
(Naucoria)
pédiades.</h3>

LES FIGURES 1 et 2 ci-dessus représentent un petit champignon qui pousse dans les pelouses et les pâturages et qui est très facilement confondu avec ceux de la planche III. de champignons comestibles ; mais, premièrement, ils n'ont aucun sens, mais sont strictement orbiculaires ; deuxièmement, les branchies sont toujours décolorées en raison de l'âge ou de la décomposition, comme dans la figure 7 ci-dessus ; Troisièmement, la texture est douce et le champignon ne sèche pas trop au soleil et ne se dilate pas avec l'humidité comme un *marasme* .

LES FIGURES 3 et 4 ainsi que les figures 5 et 6 illustrent les espèces que l'on trouve le plus souvent dans ou sur le fumier, et les distinctions ci-dessus sont également vraies pour ces deux variétés. Les produits ci-dessus ne sont pas connus pour être assurément toxiques, mais n'ont aucune des qualités esculentes du champignon féerique. Il existe également d'autres petits champignons de texture molle et de qualité douteuse ressemblant beaucoup à ceux qui poussent dans les pelouses et les pâturages, et le but de cette planche est d'apprendre à l'amateur à éviter tous ces champignons. Les variétés suspectes de Marasmius ne poussent pas avec les espèces comestibles, mais dans les bois.